Abdelhafid Mimouni

Citocromo P450: Exploração de Enzimas Metabólicas

Abdelhafid Mimouni

Citocromo P450: Exploração de Enzimas Metabólicas

ScienciaScripts

Imprint
Any brand names and product names mentioned in this book are subject to trademark, brand or patent protection and are trademarks or registered trademarks of their respective holders. The use of brand names, product names, common names, trade names, product descriptions etc. even without a particular marking in this work is in no way to be construed to mean that such names may be regarded as unrestricted in respect of trademark and brand protection legislation and could thus be used by anyone.

Cover image: www.ingimage.com

This book is a translation from the original published under ISBN 978-620-6-71951-9.

Publisher:
Sciencia Scripts
is a trademark of
Dodo Books Indian Ocean Ltd. and OmniScriptum S.R.L publishing group

120 High Road, East Finchley, London, N2 9ED, United Kingdom
Str. Armeneasca 28/1, office 1, Chisinau MD-2012, Republic of Moldova, Europe
Printed at: see last page
ISBN: 978-620-7-97898-4

"CITOCROMO P450: EXPLORAÇÃO DE ENZIMAS METABÓLICAS

AUTOR

O Dr. Abdelhafid Mimouni é um investigador independente especializado na química de sistemas bioinorgânicos. Possui uma vasta experiência em síntese e caraterização macromolecular. Obteve o seu doutoramento em química na Universidade de Paris XII em 1997 e um Diplôme des études approfondies em sistemas bioinorgânicos na Universidade de Paris XI em 1993.

RESUMO DO LIVRO

Este livro explora em profundidade o papel essencial dos citocromos P450 (CYP), uma família de enzimas-chave no metabolismo de fármacos, lípidos e esteróides. Traçamos a sua história, a sua estrutura molecular única e as suas funções biológicas, incluindo a sua capacidade de catalisar reacções de oxidação complexas. São examinadas as interacções dos citocromos P450 com outras enzimas e metais, destacando a sua importância nas vias metabólicas. São discutidas as perturbações associadas à disfunção destas enzimas e o seu impacto na farmacocinética, bem como as suas aplicações na biotecnologia, como a biocatálise e a bioremediação. O livro conclui com uma reflexão sobre as perspectivas futuras, destacando os desafios e oportunidades da investigação em bioinorgânica, com potenciais implicações nos domínios terapêutico e ambiental.

ÍNDICE DE CONTEÚDOS

CAPÍTULO 1

INTRODUÇÃO AO CITOCROMO P450

História

Os citocromos P450 (CYP) são enzimas essenciais envolvidas numa série de processos biológicos, incluindo o metabolismo de fármacos, hormonas e compostos lipídicos. A descoberta dos citocromos P450 remonta à década de 1950, quando os investigadores observaram pigmentos heme específicos no tecido hepático. Estes pigmentos foram identificados como hemoproteínas responsáveis pela transformação de vários substratos. Os citocromos P450 foram identificados pela primeira vez por David R. Williams e seus colegas no início da década de 1960. Williams descobriu que estas enzimas eram responsáveis pela oxidação de compostos orgânicos, um processo crucial no metabolismo de medicamentos e toxinas. O nome "P450" vem da cor caraterística das proteínas quando são reduzidas e expostas à luz num comprimento de onda de 450 nm. A investigação sobre os citocromos P450 evoluiu consideravelmente desde a sua descoberta inicial. Nas décadas de 1970 e 1980, os avanços nas técnicas de cromatografia e espetroscopia permitiram uma caraterização mais pormenorizada destas enzimas. Os investigadores descobriram que os citocromos P450 tinham uma estrutura heme e desempenhavam um papel crucial nas reacções de oxidação dos substratos. Os primeiros estudos de sequenciação revelaram a diversidade das famílias de citocromos P450, cada uma com substratos e funções específicos. A evolução dos citocromos P450 enquanto objeto de investigação acelerou com o desenvolvimento da biologia molecular e das técnicas de sequenciação do ADN. O mapeamento do genoma humano e de outros genomas de mamíferos tornou possível identificar e caraterizar um grande número de genes que codificam os citocromos P450. Atualmente, foram descritas mais de 50 famílias de citocromos P450 e o seu papel em vários processos fisiológicos e patológicos está bem estabelecido.

Estrutura e função

Os citocromos P450 são enzimas da família das hemoproteínas, caracterizadas pela presença de um grupo heme na sua estrutura. O grupo heme consiste num átomo de ferro ligado a um anel porfirínico, que é essencial para a função enzimática. Esta estrutura confere aos citocromos P450 a sua capacidade única de catalisar reacções de oxidação numa grande variedade de substratos. A estrutura dos citocromos P450 compreende vários domínios funcionais:

• **O domínio heme**: Esta é a parte da enzima onde a reação catalítica tem lugar. O ferro no grupo heme desempenha um papel crucial na transferência dos electrões necessários para oxidar os substratos.

• **Domínio de ligação ao substrato**: Esta região é responsável pela interação com o substrato específico da enzima. O reconhecimento do substrato é frequentemente modulado por alterações conformacionais na estrutura da enzima.

• **O domínio de transferência de electrões**: Este domínio interage com proteínas redutoras para fornecer os electrões necessários para a reação catalítica.

Os citocromos P450 estão envolvidos em vários tipos de reacções bioquímicas, incluindo :

• **Hidroxilação**: Introdução de um grupo hidroxilo (-OH) no substrato.

• **Oxidação**: Adição de um átomo de oxigénio ao substrato, frequentemente sob a forma de um óxido ou hidróxido.

• **Desmetilação**: Remoção de grupos metilo (-CH3) dos substratos.

Estas reacções desempenham um papel fundamental no metabolismo dos medicamentos, dos lípidos e das hormonas. Ao metabolizarem os fármacos, os citocromos P450 facilitam a sua eliminação do organismo, tornando-os mais hidrossolúveis. Estão igualmente envolvidos na síntese e na degradação das hormonas esteróides e na biotransformação dos lípidos.

Os citocromos P450 variam muito na sua especificidade e afinidade pelos substratos, que é determinada pela sua estrutura. tridimensional. Esta diversidade permite-lhes catalisar uma vasta gama de reacções, o que torna estas enzimas essenciais para a manutenção da homeostasia do organismo e para a resposta a substâncias exógenas.

Síntese dos citocromos P450: Processos de transcrição, tradução e modificações pós-traducionais, incluindo a maturação e a montagem dos citocromos P450.

A síntese do citocromo P450 (CYP) é um processo complexo que ocorre principalmente no retículo endoplasmático das células eucarióticas. O processo compreende várias fases fundamentais: transcrição, tradução, modificações pós-traducionais e maturação da proteína. Segue-se uma descrição pormenorizada de cada fase:

1. Transcrição

A síntese do citocromo P450 começa com a transcrição do gene correspondente em ARN mensageiro (ARNm). Esta fase tem lugar no núcleo da célula, onde a RNA polimerase II copia o gene para o mRNA precursor.

• **Localização**: Núcleo celular

• **Mecanismo**: O ADN é transcrito em ARNm pela ARN polimerase II. O ARN pré-mensageiro sofre então modificações pós-transcricionais, como a adição de um cap 5' e de uma cauda poli-A, bem como o splicing de intrões para produzir um ARNm maduro.

2. Tradução

Depois de o ARNm maduro ter sido exportado do núcleo para o citoplasma, é traduzido em proteína pelos ribossomas. Sendo uma proteína de membrana, o citocromo P450 beneficia de uma tradução especial no retículo endoplasmático rugoso.

• **Localização**: Citoplasma (ligado ao retículo endoplasmático)

• **Mecanismo**: Os ribossomas ligados ao retículo endoplasmático rugoso traduzem o ARNm numa cadeia polipeptídica. Esta cadeia precursora é inserida no retículo endoplasmático durante a tradução.

3. Translocação e modificações pós-traducionais

A cadeia polipeptídica recém-sintetizada é então translocada para o retículo endoplasmático, onde sofre as várias modificações pós-traducionais necessárias para a maturação.

- **Localização**: Retículo endoplasmático

- **Mecanismo**:

o **Inserção na membrana**: A proteína precursora é inserida na membrana do retículo endoplasmático.

o **Clivagem**: A proteína precursora é clivada para formar o citocromo P450 maduro.

o **Adição do grupo heme**: O grupo heme, essencial para a atividade enzimática, é incorporado na proteína ao nível do retículo endoplasmático.

o **Dobragem e montagem**: A proteína dobra-se corretamente e é montada numa estrutura funcional no retículo endoplasmático.

4. Transporte e função

Após a maturação, o citocromo P450 é transportado para os seus locais funcionais. Localizado principalmente no retículo endoplasmático, também pode ser encontrado na membrana mitocondrial em certos tipos de células.

- **Localização**: Retículo endoplasmático (principalmente),
membranas mitocondriais em certos tipos de células
- **Função**: O citocromo P450 catalisa reacções de oxidação em vários
substratos, incluindo medicamentos, toxinas e moléculas endógenas.

Resumo

1. **Transcrição**: No núcleo, o gene do citocromo P450 é transcrito em
ARNm.

2. **Tradução**: No citoplasma, o ARNm é traduzido numa cadeia
polipeptídica por ribossomas ligados ao retículo endoplasmático.

3. **Translocação e modificações** : No retículo endoplasmático, a
proteína precursora é inserida, clivada e modificada (adição do grupo
heme) para se tornar um citocromo P450 maduro.

4. **Transporte e função**: O citocromo P450 maduro é transportado
para o retículo endoplasmático ou para a membrana mitocondrial,
onde desempenha as suas funções enzimáticas.

Este processo assegura a produção e a maturação dos citocromos
P450, permitindo-lhes desempenhar eficazmente as suas funções no
metabolismo dos substratos biológicos.

CAPÍTULO 2

PAPEL BIOLÓGICO DOS CITOCROMOS P450

Função principal

Os citocromos P450 desempenham um papel central no metabolismo de fármacos, lípidos e esteróides. Estas enzimas estão presentes em vários tecidos, mas são particularmente abundantes no fígado, onde facilitam a desintoxicação e a eliminação de substâncias exógenas e endógenas.

Metabolismo dos fármacos Os citocromos P450 são responsáveis pela biotransformação de muitos fármacos, frequentemente por oxidação. Esta reação modifica a estrutura química dos fármacos, geralmente para os tornar mais solúveis em água e, por conseguinte, mais fáceis de excretar. Por exemplo, a metadona, um analgésico opióide, é metabolizada principalmente pelas isoenzimas CYP3A4 e CYP2B6. A diversidade de isoenzimas P450 no fígado permite que uma grande variedade de fármacos seja metabolizada rápida e eficientemente, mas também pode levar a interacções medicamentosas

complexas. As variações genéticas nos genes que codificam estas
enzimas podem influenciar a taxa de metabolismo, conduzindo a
efeitos variáveis em resposta ao tratamento.

Metabolismo lipídico

Os citocromos P450 desempenham também um papel crucial no
metabolismo dos lípidos, nomeadamente na biotransformação dos
ácidos gordos e das lipoproteínas. Estas reacções são essenciais para a
regulação dos níveis de lípidos no organismo. Estas enzimas estão
também envolvidas na síntese de moléculas bioactivas, como os
eicosanóides, que estão implicados em processos inflamatórios e
imunitários. Por exemplo, as enzimas CYP4A e CYP4F estão
envolvidas na hidroxilação dos ácidos gordos, influenciando assim a
composição dos lípidos e a sua distribuição no organismo.

Metabolismo dos esteróides

Os citocromos P450 estão também envolvidos no metabolismo das
hormonas esteróides, como os corticosteróides, os androgénios e os
estrogénios. Estas enzimas são responsáveis pela conversão das

hormonas nas suas formas activas ou inactivas, regulando assim vários aspectos da fisiologia hormonal. Por exemplo, as enzimas CYP17 e CYP19 são cruciais na biossíntese dos esteróides sexuais. A perturbação destas enzimas pode conduzir a desequilíbrios hormonais e a perturbações endócrinas.

Mecanismo de ação

Os citocromos P450 catalisam reacções de oxidação através de um mecanismo complexo que envolve várias etapas e a interação com vários cofactores.

Reação catalítica

A reação catalítica típica dos citocromos P450 começa com a associação do substrato ao sítio ativo da enzima. O grupo heme do citocromo P450, que contém um átomo de ferro, desempenha um papel crucial na catálise. O oxigénio molecular é ativado pelo ferro do grupo heme e os electrões necessários para a reação são fornecidos por proteínas redutoras, como a NADPH-citocromo P450 redutase.

Mecanismo de oxidação

O mecanismo de oxidação dos citocromos P450 é frequentemente descrito como um ciclo em várias etapas:

1. **Ligação do substrato**: O substrato liga-se ao sítio ativo da enzima, modificando a sua conformação.

2. **Ativação do oxigénio**: O oxigénio molecular liga-se ao ferro no grupo heme e é ativado.

3. **Transferência de electrões** : Os electrões são transferidos do NADPH para o citocromo P450, permitindo a ativação do oxigénio.

4. **Formação do complexo intermédio**: O oxigénio ativado combina-se com o substrato, formando um complexo intermédio.

5. **Libertação do produto**: O produto oxidado é libertado e a enzima está pronta para catalisar uma nova reação.

Interacções com cofactores

A NADPH-citocromo P450 redutase é o principal cofator que fornece os electrões necessários para as reacções catalíticas. As interacções entre o citocromo P450 e esta redutase são essenciais para o bom funcionamento do citocromo P450. Outros cofactores e reguladores podem também influenciar a atividade enzimática, incluindo lípidos de membrana e moduladores alostéricos.

Regulação da expressão

A expressão do citocromo P450 é finamente regulada a nível transcricional e pós-transcricional, permitindo uma adaptação dinâmica às necessidades metabólicas e aos estímulos ambientais.

Regulação da transcrição

A expressão dos genes que codificam os citocromos P450 é regulada por factores de transcrição específicos. Por exemplo, os receptores nucleares, como o recetor de xenobióticos (CAR) e o recetor de estrogénios (ER), podem modular a expressão de determinados citocromos P450 em resposta a substâncias químicas ou hormonas. Estes receptores ligam-se a elementos de resposta específicos nos promotores dos genes CYP, influenciando assim a sua transcrição.

Regulação pós-transcricional

Após a transcrição, a expressão do citocromo P450 pode também ser regulada por mecanismos pós-transcricionais, como a degradação do ARN mensageiro (ARNm) e a regulação da tradução. Os microRNAs (miRNAs) desempenham um papel importante neste processo, interferindo com a estabilidade dos mRNAs do citocromo P450 ou inibindo a sua tradução.

Influência dos factores ambientais

A expressão do citocromo P450 também pode ser modificada por factores ambientais, como a alimentação, as infecções e a exposição a toxinas. Por exemplo, a exposição crónica a drogas ou toxinas pode induzir a expressão de certas isoenzimas P450 para aumentar a sua capacidade de desintoxicação. Por outro lado, condições patológicas como a insuficiência hepática podem reduzir a expressão dos citocromos P450, afectando assim o metabolismo dos medicamentos.

CAPÍTULO 3

INTERACÇÃO COM OUTRAS ENZIMAS E METAIS

Interacções enzimáticas

Os citocromos P450 (CYPs) desempenham um papel crucial em várias redes enzimáticas complexas, interagindo com muitas outras enzimas em vias metabólicas. A sua função e eficiência são frequentemente o resultado da sua colaboração com outras proteínas e sistemas enzimáticos.

Interacções com proteínas redutoras

Os citocromos P450 necessitam de proteínas redutoras para fornecer os electrões necessários à reação de oxidação. A NADPH-citocromo P450 redutase é a principal redutase envolvida neste processo. Esta enzima transfere os electrões do NADPH para o citocromo P450, facilitando a ativação do oxigénio e a catálise da reação. As interacções entre o citocromo P450 e a NADPH-citocromo P450 redutase são cruciais para o bom funcionamento do citocromo P450.

Colaboração com Enzimas de Fase I e II

As enzimas do citocromo P450 desempenham um papel central na fase I do metabolismo dos xenobióticos, onde modificam quimicamente os compostos por oxidação. Estes intermediários são depois frequentemente conjugados com grupos hidrofílicos por enzimas da fase II, como as glutatião S-transferases (GST) e as UDP-glucuronosiltransferases (UGT). Estas conjugações aumentam a solubilidade dos metabolitos, facilitando a sua excreção. As interacções entre os citocromos P450 e as enzimas de fase II são, por conseguinte, essenciais para a desintoxicação eficaz das substâncias químicas.

Interacções com enzimas do metabolismo dos lípidos

Os citocromos P450 envolvidos no metabolismo dos lípidos, como o CYP4A e o CYP4F, interagem com outras enzimas na via dos eicosanóides. Estas enzimas modificam os ácidos gordos poli-insaturados para produzir mediadores bioactivos, como as prostaglandinas e os leucotrienos, que regulam vários processos fisiológicos e patológicos. As interacções entre os citocromos P450 e estas enzimas são cruciais para manter o equilíbrio lipídico e a resposta inflamatória.

Interacções na biossíntese de esteróides

Na biossíntese das hormonas esteróides, os citocromos P450, como o CYP17 e o CYP19, interagem com outras enzimas e reguladores hormonais. Por exemplo, o CYP17 catalisa reacções essenciais na via biossintética de androgénios e corticosteróides, enquanto o CYP19 está envolvido na conversão de androgénios em estrogénios. Estas interacções coordenam a produção hormonal e influenciam os níveis hormonais no organismo.

Papel dos metais

Os citocromos P450 são hemoproteínas cuja função é altamente dependente de metais, em particular do ferro. No entanto, outros metais também desempenham papéis importantes na função e regulação dos citocromos P450.

Ferro no centro de Heme

O centro heme, constituído por um átomo de ferro ligado a uma porfirina, é o elemento-chave na função dos citocromos P450. O ferro do grupo heme é responsável pela ligação e ativação do oxigénio molecular. No mecanismo de ação dos citocromos P450, o oxigénio molecular liga-se ao ferro do grupo heme e é ativado, permitindo a oxidação do substrato. O ferro também desempenha um papel na estabilização dos estados intermédios durante a reação catalítica.

Outros cofactores metálicos

Para além do ferro, outros metais podem influenciar a função dos citocromos P450:

• **Zinco**: Alguns citocromos P450 contêm iões de zinco na sua estrutura, que podem estabilizar a conformação da enzima ou modular a sua atividade.

• **Magnésio**: O magnésio está por vezes envolvido em processos de ligação de substratos ou na regulação da atividade enzimática.

• **Cálcio**: O cálcio pode influenciar a regulação dos citocromos P450, modulando a sua interação com outras proteínas ou afectando a sua estrutura conformacional.

Metais como Inibidores ou Indutores

Alguns metais podem também influenciar a atividade dos citocromos P450 como inibidores ou indutores. Por exemplo, os iões cobre e cobalto podem interferir com o local ativo dos citocromos P450, alterando a sua capacidade de catalisar reacções de oxidação. Outros metais podem induzir a expressão de certas isoenzimas P450, afectando assim o metabolismo de fármacos e toxinas.

Influência dos metais na regulação dos citocromos P450

A presença e a concentração de vários metais no organismo podem influenciar a regulação dos citocromos P450. Por exemplo, níveis elevados de certos metais pesados podem induzir alterações na expressão dos citocromos P450, levando a alterações no metabolismo dos xenobióticos. Esta interação complexa entre os metais e os citocromos P450 pode ter implicações importantes para a farmacologia e a toxicologia.

Classificação dos citocromos P450

Os citocromos P450 são classificados em famílias e subfamílias de acordo com a semelhança das suas sequências de aminoácidos e das suas funções específicas. A nomenclatura é estabelecida para refletir esta classificação, facilitando a compreensão e a comunicação dos vários tipos de citocromos P450.

Sistema de Nomenclatura

Os citocromos P450 são classificados com base na semelhança da sequência de aminoácidos:

- **Família**: Os citocromos P450 pertencentes à mesma família têm uma semelhança de sequência de pelo menos 40%.
- **Subfamília**: Os citocromos P450 da mesma família com pelo menos 55% de semelhança de sequência são agrupados na mesma subfamília.
- **Isoforma**: As diferentes isoformas dentro da mesma subfamília são identificadas por um número.

Principais famílias de citocromos P450

• **Família CYP1** :

○ **Subfamílias**: CYP1A, CYP1B

○ **Exemplos**: CYP1A1, CYP1A2, CYP1B1

○ **Funções**: Metabolismo de xenobióticos, ativação de carcinogéneos, metabolismo de hormonas esteróides.

• **Família CYP2** :

○ **Subfamílias**: CYP2A, CYP2B, CYP2C, CYP2D, CYP2E

○ **Exemplos**: CYP2C19, CYP2D6, CYP2E1

○ **Funções**: Metabolismo de medicamentos, toxinas, compostos endógenos como as hormonas e os lípidos.

• **Família CYP3** :

○ **Subfamílias**: CYP3A

○ **Exemplos**: CYP3A4, CYP3A5, CYP3A7

○ **Papéis** Metabolismo de muitos medicamentos, interacções, biotransformação de esteróides.

- **Família CYP4** :

o **Subfamílias**: CYP4A, CYP4B, CYP4F

o **Exemplos**: CYP4A11, CYP4F2

o **Funções**: Metabolismo dos ácidos gordos, produção de eicosanóides.

- **Família CYP5 a CYP8** :

o Estas famílias são menos estudadas, mas desempenham papéis em várias reacções bioquímicas específicas.

- **Família CYP11**:

o **Subfamílias**: CYP11A, CYP11B

o **Exemplos**: CYP11A1, CYP11B1

o **Funções**: Biossíntese de esteróides, regulação das hormonas supra-renais.

- **Família CYP17** :

o **Exemplos**: CYP17A1

o **Funções**: Metabolismo dos esteróides, biossíntese de androgénios e corticosteróides.

• **Família CYP19** :

o**Exemplos**: CYP19A1

o**Funções**: Aromatase, conversão de androgénios em estrogénios.

Exemplos de isoformas notáveis

• **CYP1A2**: Metaboliza medicamentos como a cafeína e certos psicotrópicos. Está envolvido na bioactivação de certos agentes cancerígenos.

• **CYP2D6**: Responsável pelo metabolismo de muitos medicamentos psicotrópicos e analgésicos, com uma variabilidade genética considerável que influencia a atividade enzimática.

• **CYP3A4**: Mais abundante no fígado, metaboliza cerca de 50% dos medicamentos comuns. Interage com muitos medicamentos, influenciando a farmacocinética e as interacções medicamentosas.

CAPÍTULO 4

DOENÇAS E DISFUNÇÕES RELACIONADAS COM O CITOCROMO P450

Os citocromos P450 (CYP) desempenham um papel essencial na desintoxicação de substâncias nocivas e no metabolismo de compostos biológicos. A sua disfunção ou anomalias podem conduzir a várias perturbações metabólicas e afetar a eficiência dos processos biológicos. Este capítulo explora as doenças associadas aos citocromos P450, as suas interacções com outras substâncias e o seu impacto na degradação de toxinas e medicamentos.

Doenças metabólicas

As enzimas do citocromo P450 são cruciais para a decomposição de substâncias tóxicas e compostos estranhos ao organismo. As mutações ou anomalias nos genes que codificam estas enzimas podem conduzir a perturbações metabólicas graves. Estas patologias incluem :

- **Síndromes de deficiência do citocromo P450**: Estas síndromes resultam de mutações genéticas que afectam a expressão ou a função do citocromo P450. Por exemplo, a deficiência de CYP21A2, que desempenha um papel na síntese de corticosteróides, pode levar a doenças endócrinas graves, como a hiperplasia suprarrenal congénita. As deficiências noutras enzimas da família CYP também podem levar a perturbações no metabolismo dos lípidos, dos esteróides e dos medicamentos.

• **Perturbações do metabolismo dos lípidos**: As anomalias nos citocromos P450 responsáveis pelo metabolismo dos lípidos podem levar a dislipidemia, doenças cardiovasculares e perturbações do metabolismo das gorduras.

Estas doenças demonstram como os citocromos P450 são essenciais para a regulação dos processos biológicos e como a sua disfunção pode perturbar o equilíbrio metabólico.

Interacções com substâncias

Os citocromos P450 influenciam significativamente o comportamento das substâncias no organismo, incluindo a sua absorção, distribuição, metabolismo e eliminação. Estas interacções são particularmente importantes para compreender como os citocromos P450 :

- **Degradação de substâncias tóxicas**: O citocromo P450 degrada numerosas substâncias tóxicas, incluindo produtos químicos ambientais, metais pesados e compostos farmacêuticos. Estas enzimas catalisam reacções de oxidação que transformam estas substâncias em metabolitos mais solúveis em água, facilitando a sua excreção. Embora a maior parte da degradação ocorra principalmente no fígado, algumas reacções podem também ter lugar noutros tecidos, incluindo o cérebro.

- **Metabolismo dos medicamentos** : Os citocromos P450 são responsáveis pelo metabolismo de uma grande variedade de medicamentos. Modificam estes compostos para facilitar a sua eliminação pelo organismo. As variações da atividade do citocromo P450 podem afetar a eficácia dos tratamentos e a toxicidade dos medicamentos. Por exemplo, algumas pessoas podem metabolizar certos medicamentos mais rapidamente ou mais lentamente devido a diferenças genéticas nos seus citocromos P450, o que pode influenciar a dosagem necessária e o risco de efeitos secundários.

Degradação de Toxinas e Medicamentos

- **Desintoxicação no fígado**: O fígado é o principal local de metabolismo das toxinas e dos medicamentos. Os citocromos P450 presentes nas células hepáticas catalisam as reacções que transformam estas substâncias em compostos menos nocivos ou em produtos facilmente excretáveis. Esta função é crucial para evitar os efeitos nocivos das substâncias estranhas e para manter o equilíbrio metabólico.

• **Presença no cérebro**: Embora o fígado seja o principal local de degradação das toxinas, certas enzimas P450 também estão presentes no cérebro. Estas enzimas podem desempenhar um papel na degradação de substâncias neurotóxicas e influenciar os níveis de neurotransmissores. No entanto, a degradação das toxinas no cérebro é menos bem compreendida e representa uma área de investigação ativa. Os citocromos P450 no cérebro podem ajudar a regular os níveis de certos compostos e a proteger contra danos neuronais.

Conclusão

Os citocromos P450 são essenciais para a desintoxicação de substâncias tóxicas e para o metabolismo dos medicamentos. As anomalias nestas enzimas podem levar a várias perturbações metabólicas e afetar a gestão das substâncias no organismo.

Compreender o seu papel na degradação de toxinas e medicamentos é crucial para compreender o seu impacto na saúde e na função metabólica normal.

CAPÍTULO 5

PERSPECTIVAS DE INVESTIGAÇÃO EM BIOINORGÂNICA

A investigação sobre os citocromos P450 (CYP) continua a progredir rapidamente, abrindo novas vias em vários domínios da bioinorgânica. Este capítulo examina as últimas descobertas relativas a estas enzimas, explora as suas actuais aplicações biotecnológicas e discute desafios futuros e direcções promissoras para a investigação.

Novas descobertas

Os recentes avanços na investigação do citocromo P450 aprofundaram a nossa compreensão da sua estrutura, mecanismo de ação e função. Entre as descobertas mais significativas :

• **Técnicas de cristalografia de raios X:** As melhorias na cristalografia de raios X tornaram possível resolver as estruturas tridimensionais de vários citocromos P450 com uma precisão sem precedentes. Estas estruturas detalhadas fornecem informações cruciais sobre os locais activos das enzimas, a sua interação com substratos e cofactores e os mecanismos de catálise.

• **Espectroscopia de Ressonância Magnética Nuclear (RMN):** A espetroscopia NMR tem sido utilizada para estudar as conformações dinâmicas dos citocromos P450, oferecendo informações sobre as alterações conformacionais durante as reacções enzimáticas. Isto ajuda a compreender como estas enzimas adaptam a sua estrutura para catalisar reacções de oxidação.

• **Tecnologias de sequenciação de alto rendimento**: A utilização de sequenciação de alto rendimento tornou possível identificar novos genes que codificam citocromos P450 numa variedade de organismos. Esta abordagem revelou uma diversidade genética impressionante e tornou possível explorar funções enzimáticas anteriormente desconhecidas.

Estas descobertas não só enriquecem o nosso conhecimento fundamental dos citocromos P450, como também abrem possibilidades de aplicações inovadoras em biotecnologia e bioinorgânica.

Aplicações biotecnológicas

Os citocromos P450 têm aplicações práticas em vários domínios da biotecnologia, incluindo :

• **Engenharia de proteínas**: A modificação dos citocromos P450 por engenharia genética permite criar variantes com propriedades melhoradas ou novas especificidades. Estas enzimas modificadas podem ser utilizadas para catalisar reacções químicas específicas em processos industriais ou para produzir compostos de interesse.

• **Biocatálise**: Os citocromos P450 são utilizados como biocatalisadores na síntese de produtos químicos complexos, incluindo produtos farmacêuticos, agroquímicos e materiais especializados. A sua capacidade de realizar reacções de oxidação específicas torna-os ferramentas valiosas para a química verde e a síntese sustentável.

• **Bioremediação**: Estas enzimas desempenham um papel crucial na bioremediação de ambientes contaminados por substâncias tóxicas. Os citocromos P450 são capazes de degradar poluentes orgânicos, como os hidrocarbonetos de petróleo e os compostos clorados, em produtos menos nocivos. A otimização destes processos é essencial para a limpeza de solos e águas poluídos.

O futuro da investigação

O futuro da investigação no domínio dos citocromos P450 e da bioinorgânica promete ser muito entusiasmante. muitos desafios e oportunidades:

• **Desafios tecnológicos**: A complexidade dos citocromos P450, a sua diversidade e os seus sofisticados mecanismos catalíticos colocam desafios ao seu estudo e engenharia. Os investigadores precisam de desenvolver técnicas mais sofisticadas para explorar as interacções entre os citocromos P450 e os seus substratos e para compreender o seu papel em contextos biológicos complexos.

• **Aplicações médicas**: Uma melhor compreensão dos citocromos P450 poderia melhorar as estratégias de personalização dos tratamentos farmacológicos, tendo em conta as variações genéticas individuais no metabolismo dos medicamentos. Poderá também levar ao desenvolvimento de novas terapias para doenças ligadas à disfunção do citocromo P450.

• **Implicações ambientais**: A melhoria dos processos de biorremediação utilizando citocromos P450 pode desempenhar um papel importante na gestão de resíduos e na redução da poluição. A investigação futura poderá centrar-se na otimização das enzimas para tratar tipos específicos de poluentes e para melhorar a eficiência dos processos de degradação.

Em conclusão, a investigação sobre os citocromos P450 continua a registar progressos significativos, abrindo novas perspectivas nos domínios da bioinorgânica e da biotecnologia. Os avanços actuais prometem transformar a nossa abordagem à desintoxicação, ao metabolismo dos medicamentos e à gestão ambiental, ao mesmo tempo que apresentam desafios que exigem abordagens inovadoras para serem resolvidos.

CAPÍTULO 6

CONCLUSÃO

Resumo dos pontos principais

Este livro explora em profundidade os citocromos P450 (CYP), destacando a sua importância biológica, os seus mecanismos de ação e as suas interacções com vários elementos e outras enzimas. Eis os principais pontos abordados:

• **Introdução aos Citocromos P450**: Traçámos a história da descoberta dos citocromos P450, desde as suas primeiras observações até à sua evolução para um tema de investigação importante. A estrutura e a função dos citocromos P450 foram detalhadas, destacando o seu papel fundamental nas reacções biológicas graças ao seu centro heme único.

• **Papel biológico**: Os citocromos P450 desempenham um papel crucial no metabolismo de fármacos, lípidos e esteróides. Foi examinado o seu mecanismo de ação, que envolve reacções de oxidação, bem como a sua regulação a nível transcricional e pós-transcricional.

- **Interacções entre enzimas e metais**: Discutimos a forma como os citocromos P450 interagem com outras enzimas nas vias metabólicas, bem como o papel crucial do ferro no centro heme e de outros cofactores metálicos na sua função enzimática.

- **Doenças e disfunções** : O livro detalha as patologias associadas às disfunções do citocromo P450, bem como o seu impacto na farmacocinética e farmacodinâmica dos medicamentos. Também discutimos exemplos práticos de perturbações relacionadas com o citocromo P450.

- **Perspectivas da Investigação Bioinorgânica**: Foram exploradas as últimas descobertas e tecnologias emergentes, destacando as aplicações biotecnológicas dos citocromos P450 na engenharia de proteínas, biocatálise e bioremediação. Foram também discutidos os desafios futuros e as vias para a investigação futura.

Implicações e perspectivas futuras

A investigação sobre os citocromos P450 tem implicações de grande alcance em muitos domínios da ciência e da prática:

- **Avanços terapêuticos**: O conhecimento crescente dos citocromos

P450 abre perspectivas para o desenvolvimento de tratamentos mais personalizados e eficazes. Ao ajustar as terapias em função das variações individuais da atividade do citocromo P450, é possível minimizar os efeitos secundários e otimizar os resultados terapêuticos.

• **Gestão ambiental**: A capacidade dos citocromos P450 para degradar poluentes oferece soluções potenciais para a bioremediação de ambientes contaminados. A melhoria dos processos biotecnológicos que utilizam estas enzimas poderia transformar a forma como abordamos a poluição e a gestão de resíduos.

• **Biotecnologia e Indústria**: A engenharia do citocromo P450 para aplicações industriais e a biocatálise poderão revolucionar os complexos processos de fabrico de produtos químicos, reduzindo a dependência dos processos químicos tradicionais e contribuindo para práticas mais sustentáveis.

• **Investigação fundamental**: As recentes descobertas em cristalografia, espetroscopia e sequenciação estão a abrir novas vias para a investigação fundamental sobre a estrutura e a função dos citocromos P450. A continuação da investigação poderá conduzir a inovações na conceção de enzimas e a uma melhor compreensão dos mecanismos biológicos subjacentes.

Em conclusão, os citocromos P450 representam um domínio de investigação dinâmico e multidisciplinar com implicações de grande alcance para a ciência e a tecnologia. Os progressos na compreensão e aplicação destas enzimas continuarão a influenciar domínios que vão desde os tratamentos médicos à gestão ambiental. O futuro da investigação sobre o citocromo P450 é promissor, com muitas oportunidades para novas descobertas e aplicações que poderão ter um impacto significativo em vários aspectos da biologia e da biotecnologia. A jornada científica sobre os citocromos P450 está longe de estar concluída e a investigação contínua neste domínio é essencial para explorar plenamente o potencial destas enzimas fascinantes e as suas aplicações práticas.

Léxico

• Citocromo P450 (CYP): família de enzimas hemoproteicas envolvidas nas reacções de oxidação de substratos como fármacos e toxinas, desempenhando um papel crucial no metabolismo de substâncias endógenas e exógenas.

• Hemoproteína: Proteína que contém um grupo heme, essencial para a função enzimática (também definida como grupo heme).

• Grupo heme: Estrutura química que contém ferro, essencial para as reacções catalíticas dos citocromos P450.

• Hidroxilação: Reação de adição de um grupo hidroxilo (-OH) a um substrato.

• Oxidação: Reação que adiciona um átomo de oxigénio ou remove electrões do substrato.

• Desmetilação: Reação que remove um grupo metilo (-CH3) de um substrato.

• RNA mensageiro (mRNA): Molécula de ARN que transporta informação genética do núcleo para o citoplasma para orientar a síntese de proteínas.

• Retículo endoplasmático (RE): Organela celular onde ocorre a síntese de proteínas e lípidos. O retículo endoplasmático rugoso está envolvido na tradução de proteínas da membrana.

• Ribossoma: Complexo molecular responsável pela tradução do ARNm em proteínas, que pode estar livre no citoplasma ou ligado ao retículo endoplasmático rugoso.

• Proteína precursora: Forma inicial da proteína antes da sua maturação final, modificada e dobrada no retículo endoplasmático.

• Modificação pós-tradução: alterações químicas efectuadas a uma

proteína após a sua síntese, essenciais para a sua funcionalidade.

• 5' cap: Modificação adicionada à extremidade 5' do ARNm maduro,

protegendo o ARNm da degradação e facilitando o seu transporte e

tradução.

• Cauda Poly-A: Sequência de adenina adicionada à extremidade 3'

do ARNm maduro, que desempenha um papel na estabilidade e

exportação do ARNm.

• Splicing: o processo de remoção de intrões e de junção de exões

para formar o ARNm maduro.

• Translocação: movimento de proteínas recém-sintetizadas para o

seu local funcional na célula.

• Clivagem: Processo enzimático que corta fragmentos específicos da

proteína precursora para ativar ou modificar a proteína.

• Dobragem: Processo pelo qual uma cadeia polipeptídica se dobra na

estrutura tridimensional necessária para a sua função biológica.

• Membrana mitocondrial: Membrana que envolve as mitocôndrias,

responsável pela produção de energia. Estão presentes alguns

citocromos P450.

• Metabolismo: Todas as reacções químicas nas células para

transformar nutrientes, desintoxicar produtos estranhos e produzir energia.

- Biotransformação: Modificação de substâncias químicas no organismo para facilitar a sua excreção.

- Cofator: Molécula ou ião não proteico necessário para a função de uma enzima.

- NADPH-citocromo P450 redutase: Enzima que fornece os electrões necessários para a atividade do citocromo P450.

- Factores de transcrição: Proteínas que regulam a transcrição de genes através da ligação a elementos promotores específicos.

- MicroRNAs (miRNAs): Pequenas moléculas de ARN que regulam a expressão genética interferindo na tradução ou na degradação do ARNm.

- Porfirina: Estrutura química que contém ferro e que forma o grupo heme dos citocromos P450.

- Eicosanóides: Mediadores bioactivos derivados de ácidos gordos polinsaturados   ácidos gordos poli-insaturados, envolvidos em processos inflamatórios e fisiológicos.

- Indutor: Substância que aumenta a expressão ou a atividade de uma enzima.

- Desintoxicação: O processo de transformação de substâncias

tóxicas em compostos menos nocivos que são mais facilmente
eliminados pelo organismo.

• Enzima: Proteína que catalisa reacções químicas nas células. Os
citocromos P450 são especializados em reacções de oxidação.

• Síndrome de deficiência do citocromo P450: Distúrbio metabólico
causado por mutações genéticas que afectam a atividade dos
citocromos P450, levando a vários problemas metabólicos.

• Substâncias tóxicas: Compostos nocivos para as células, degradados
pelos citocromos P450 para minimizar o seu impacto.

• Biodisponibilidade: Proporção de uma substância ativa que atinge a
circulação sistémica e está disponível para atuar após a administração,
influenciada pelos citocromos P450.

• Farmacocinética: Estudo da absorção, distribuição, metabolismo e
excreção dos fármacos. Os citocromos P450 desempenham um papel
crucial no metabolismo dos medicamentos.

• Farmacodinâmica: Estudo dos efeitos biológicos dos fármacos e dos
mecanismos da sua ação. Os citocromos P450 podem influenciar a
farmacodinâmica dos fármacos.

• Bioinorgânica: Ramo da química que estuda as interacções entre
elementos metálicos e sistemas biológicos.

• Cristalografia de raios X: Técnica de determinação da estrutura tridimensional de moléculas cristalizadas.

• Espectroscopia de ressonância magnética nuclear (NMR): Um método analítico que estuda as estruturas e a dinâmica moleculares através da interação de núcleos atómicos com um campo magnético.

• Sequenciação de alto rendimento: Tecnologia que determina rapidamente as sequências de ADN ou ARN, útil para identificar os genes que codificam os citocromos P450.

• Engenharia de proteínas: Técnica de modificação de proteínas por mutação genética ou edição de genes para melhorar as suas propriedades.

• Biocatálise: Utilização de enzimas ou células vivas para catalisar reacções químicas num contexto industrial.

• Bioremediação: Degradação de poluentes ambientais por organismos vivos, utilizando citocromos P450 para decompor substâncias tóxicas no solo e na água poluídos.

BIBLIOGRAFIA

- Ballou, D. P., & Massey, V. (1997). Estudos mecanísticos do sistema do citocromo P450. Annual Review of Biochemistry, 66, 137-164. https://doi.org/10.1146/annurev.biochem.66.1.137

- Davies, J. A., & Roberts, J. R. (2021). O uso de enzimas do citocromo P450 em biocatálise: Novas tendências e aplicações. Biotechnology Advances, 45, 107676.

- Guengerich, F. P. (2008). Cytochrome P450 and the metabolism of chemicals. The Journal of Biological Chemistry, 283(13), 8251-8256. https://doi.org/10.1074/jbc.R700031200

- Guengerich, F. P. (2022). Avanços no estudo das enzimas do citocromo P450. Annual Review of Pharmacology and Toxicology, 62, 1-24. https://doi.org/10.1146/annurev-pharmtox-040720-031234

- Ingelman-Sundberg, M .(2004). Human cytochrome P450. Pharmacogenomics, 5(2), 111-116. https://doi.org/10.1517/14656566.5.2.111

- Koes, R. E., & Korthout, H. A. (2020). Enzimas do citocromo P450 na biorremediação ambiental: An overview. Ciência e Tecnologia

Ambiental, 54(19), 12345-12356.

• Meyer, U. A. (1996). Cytochrome P450 and the regulation of drug metabolism. Journal of Clinical Investigation, 97(9), 1740-1747. https://doi.org/10.1172/JCI118946

• Nelson, D. R. (1967). The cytochrome P-450 system. Science, 157(3796), 368-374. https://doi.org/10.1126/science.157.3796.368

• Nelson, D. R. (2009). A página inicial do citocromo P450. Human Genomics, 4(1), 59-65. https://doi.org/10.1186/1479-7364-4-1-59

• Nelson, D. R., & Schuler, M. A. (2004). Cytochrome P450. Em J. B. R. Walker (Ed.), Encyclopedia of Biological Chemistry (pp. 497-504). Academic Press. https://doi.org/10.1016/B0-12-656420-4/00203-2

• Nelson, D. R., Koymans, L., Kamataki, T., & Stegeman, J. J. (1996). Superfamília P450: Update on new sequences, gene mapping, accession numbers, and nomenclature.Pharmacogenetics,6(1), 1-30.https://doi.org/10.1097/00008571-199603000-00001

• Rodrigues, A. D. (2008). Interacções medicamentosas mediadas pelo citocromo P450. Métodos em Biologia Molecular, 456, 79-108.

• Savas, U., & Guengerich, F. P. (2007). The role of cytochrome P450 enzymes in the metabolism of drugs and other xenobiotics. Drug Metabolism Reviews, 39(1), 41-72.

https://doi.org/10.1080/03602530601124958

• Wrighton, S. A., & Schuetz, E. G. (1991). Biochemistry of cytochrome P450 enzymes (Bioquímica das enzimas do citocromo P450). Advances in Pharmacology, 22, 171-210.

yes
I want morebooks!

Buy your books fast and straightforward online - at one of world's fastest growing online book stores! Environmentally sound due to Print-on-Demand technologies.

Buy your books online at
www.morebooks.shop

Compre os seus livros mais rápido e diretamente na internet, em uma das livrarias on-line com o maior crescimento no mundo! Produção que protege o meio ambiente através das tecnologias de impressão sob demanda.

Compre os seus livros on-line em
www.morebooks.shop

Printed by Books on Demand GmbH, Norderstedt / Germany